Deutscher Verein von Gas- und Wasserfachmännern.

Die
socialen Aufgaben des Ingenieurberufes
und die
Berechtigungsfrage der höheren Schulen.

Eröffnungsrede
zur
40. Jahresversammlung des Deutschen Vereins von Gas- und Wasserfachmännern
in Mainz am 10. Juni 1900.

Von
Generaldirector **W. v. Oechelhaeuser,** Dessau,
Vorsitzender des Vereins.

Sonderabdruck aus dem „Journal für Gasbeleuchtung und Wasserversorgung“.
Herausgegeben von **Dr. H. Bunte,** Karlsruhe.

München 1900.
Druck von R. Oldenbourg.

Meine Herren! Wenn heutzutage der Vorsitzende eines Vereins die Jahresversammlung mit einem Ueberblick über die Fortschritte der Vereinsfächer in dem abgelaufenen Jahr einleiten soll, so ergeht es ihm dabei ähnlich wie den Veranstaltern von jährlichen Kunstausstellungen: sie können trotz der grossen Production an Bildern, unter denen ihnen die Auswahl zur Verfügung steht, nicht jedes Jahr e p o c h e m a c h e n d e neue Werke dem verwöhnten Auge des Publikums darbieten. Und wenn auch unsere diesjährige Hauptversammlung, wie wir hoffen, Zeugniss davon ablegen wird, wie eifrig in unseren technischen Hauptfächern: dem G a s - und W a s s e r f a c h, nach den verschiedensten Richtungen gearbeitet und Fortschritte theils schon erzielt, theils in hoffnungsfreudigster Entwickelung begriffen sind, so dürften wir gleichwohl Ursache haben, unseren Horizont d i e s e s Mal noch etwas weiter zu spannen wie im Vorjahre zu Cassel und einmal einen Blick auf die a l l g e m e i n e n wissenschaftlich - technischen und s o c i a l e n Grundlagen unserer Ingenieurthätigkeit zu richten.

Dass wir inzwischen, d. h. seit unserer letzten Hauptversammlung in Cassel, die J a h r h u n d e r t w e n d e erlebt haben, liegt in unserer schnelllebigen und doch so inhaltsvollen Zeit schon wieder so weit hinter uns, dass man unzweifelhaft Gefahr laufen würde, auf einen Gemeinplatz zu gerathen, wenn man die bei der Jahrhundertwende so vielseitig geschehene Beleuchtung aller Zustände in unserer Nation durch irgend einen Rückblick noch ergänzen wollte. Allein aus der Fülle der Gedanken und Gesichte, die uns um die Jahrhundertwende entgegengetreten sind, hebt sich in der Erinnerung eines jeden für sein Fach begeisterten deutschen Ingenieurs hellleuchtend eine Thatsache hervor, die nicht oft genug gewürdigt werden kann: es ist die Erhebung des Studiums und die Anerkennung der Leistungen der deutschen technischen Wissenschaft und Praxis durch unsern Kaiser.

Als nach jener erhebenden Säcularfeier der technischen Hochschule zu Berlin im Herbst vorigen Jahres die Rectoren der drei preussischen technischen Hochschulen unter Führung des um diese ganze Bewegung so hoch verdienten Rectors, Geheimrath Professor Riedler, unserem Kaiser den Dank für das Promotionsrecht aussprechen durften, da hat Se. Majestät die ehrenden und unvergesslichen Worte, welche er bei jener Hochschulfeier gesprochen, noch in einer Weise ergänzt, die, je mehr sie den Charakter spontaner Improvisation trägt, um so mehr in die Tiefe seiner Ansichten und Absichten Einblick gestattet, Worte, die uns nicht etwa nur eine vorübergehende Freude und Genugthuung gewähren, sondern die meines Erachtens j e d e n Verein deutscher Ingenieure geradezu v e r p f l i c h t e n sollten, daraufhin gewissermaassen sein Programm zu revidiren und nach diesen goldenen Worten in praxi zu verfahren.

1

Er sagte:

»Es hat mich gefreut, die technischen Hochschulen auszeichnen zu können. Sie wissen, dass sehr grosse Widerstände zu überwinden waren; die sind jetzt beseitigt. Ich wollte die technischen Hochschulen in den Vordergrund bringen, denn sie haben grosse Aufgaben zu lösen, nicht bloss technische, sondern auch grosse sociale. Die sind bisher nicht so gelöst, wie ich wollte.

Sie können auf die socialen Verhältnisse vielfach grossen Einfluss ausüben, da Ihre vielen Beziehungen zur Arbeit und zu Arbeitern und zur Industrie überhaupt eine Fülle von Anregung und Einwirkung ermöglichen. Sie sind deshalb auch in der kommenden Zeit zu grossen Aufgaben berufen. . . . .«

Das Programm, welches der Kaiser hier in kurzen, markanten Sätzen aufgestellt hat, gilt aber nicht nur für die technischen Hochschulen und die in der Ausbildung begriffene, sondern es verpflichtet meines Erachtens mindestens ebenso sehr die bereits schaffende, mitten im Leben stehende Generation von Ingenieuren, die nicht nur den Einfluss von Lehrherren in der Praxis des Lebens haben, sondern auch durch ihr Beispiel und durch ihre materielle Gewalt am allerwirksamsten die socialen Aufgaben lösen helfen können, die ihr Beruf mit sich bringt. Das gilt aber ferner noch ganz besonders von Vereinigungen solcher leitenden Ingenieure, in denen neben den materiellen auch die ideellen Aufgaben des Faches gepflegt werden sollen. Und wenn wir uns auch in unserm Verein der hohen technischen Aufgaben, die uns gestellt sind, stets in innigem Zusammenhang mit der Wissenschaft bewusst geblieben sind, so dürfte es doch angezeigt sein, einmal zu prüfen, wie es bei uns mit der Erfüllung des zweiten Haupt-Programmpunktes unseres Kaisers: mit der Erfüllung unserer socialen Pflichten gegenüber unseren Arbeitern steht. Und zwar möchte ich hier in die Arbeiter im höheren Sinne auch die Beamten, namentlich die unteren Beamtenkategorien, einbegriffen sehen; denn es kommt in heutiger Zeit der Arbeiterfürsorge oft genug vor, dass jene treuen Beamtenkreise, welche im Gehalt oft nicht viel besser gestellt sind als bessere Arbeiter, dabei leer ausgehen und übersehen werden.

Um nun einen Ueberblick zu gewinnen über die Leistungen, welche in unseren Berufsfächern auf socialem Gebiete thatsächlich schon vorliegen, und daraus die Gesichtspunkte für weitere Anregungen zu gewinnen, habe ich mich, wie Sie wissen, in einer Umfrage an die Mitglieder und Genossen unseres Vereins im In- und Auslande mit der Bitte gewandt, uns an Hand eines Fragebogens einen Einblick in ihre bereits vorhandenen Einrichtungen zum Wohle der Arbeiter zu gewähren, natürlich abgesehen von den gesetzlichen Veranstaltungen und Verpflichtungen. Und ich bin hierbei von einer so grossen Zahl von Collegen und Verwaltungen und mit vielfach so interessanten Mittheilungen unterstützt worden, dass ich ihnen allen hiermit Namens des Vereins den verbindlichsten Dank ausdrücke.

Es war indess bei der Kürze der Zeit nicht möglich, das gesammte Material schon vollständig zu sichten, insbesondere auch auf viele interessante Einzelbestimmungen in Statuten von Hilfs-, Pensionskassen und Arbeiterausschüssen etc. heute schon näher einzugehen; ich behalte mir dies indess ausdrücklich vor. Dagegen sind eine Anzahl der eingegangenen Zeichnungen und Abbildungen von Wohlfahrtseinrichtungen, sowie einige Statuten von Pensions- Spar- und Hilfskassen, ferner von Arbeitervertretungen u. dgl. hier im Saale ausgestellt.

Immerhin berechtigt das Ergebniss der Umfrage schon heute zu dem Urtheil, dass, wenn auch noch Vieles für Viele unter uns in der Erfüllung der socialen Pflichten zu geschehen hat — und zwar für die städtischen Behörden ebenso wohl wie für die privaten Anstalten —, doch in unseren Berufsfächern viele vortreffliche Einzelleistungen und Einrichtungen bereits vorhanden sind, welche mustergiltig scheinen und eine gegenseitige Kenntnissnahme und weite Verbreitung unter uns verdienen.

An dieser Stelle kann ich nur ganz kurz die Richtungen andeuten, in denen wir m. E. zu arbeiten haben, wenn wir unseren socialen Verpflichtungen Beamten und Arbeitern gegenüber im Sinne der Mahnung unseres Kaisers nachkommen wollen.

Die von uns zu schaffenden Einrichtungen können betreffen: die hygienischen Verhältnisse der Arbeiter und die technischen Einrichtungen des Betriebes; sie können sich ferner beziehen auf: Arbeitervertretungen, Arbeiterwohnungen, Lohnverhältnisse, Hilfskassen, Pensionskassen, Sparkassen u. s. w.

Selbstverständlich kann es Niemandem in den Sinn kommen, zu verlangen, dass alle die hier angeführten Einrichtungen nun auch an allen Orten zur Durchführung kommen; denn wir kennen ja zur Genüge aus unserem Fach, wie unendlich verschieden die lokalen Verhältnisse für unsere Betriebe sind, so dass ohne genaue Einzelkenntniss Einrichtungen, die an einem Orte sich bewährt haben, nicht ohne Weiteres auf andere Betriebe derselben Art übertragbar sind.

Dagegen dürfen gleichwohl allgemeine Forderungen aufgestellt werden, die überall erfüllbar sind, und dieselben könnte man dahin präcisiren:

1. Die hygienischen Verhältnisse, unter denen der Arbeiter seine Pflicht zu thun hat, sollen so günstig als möglich gestaltet werden, und

2. sind die technischen Einrichtungen des Betriebes so zu treffen, dass die körperliche Arbeit so viel als möglich erleichtert wird.

Der erste Punkt, betr. die hygienischen Verhältnisse, wird insofern meistens beachtet, als unsere Ofenhäuser und Apparatenräume gut geschützt und ventilirt sind und überhaupt der Betrieb in Gas- und Wasserwerken zu den gesündesten und wenigst gefährlichen zählt, die es gibt, was u. a. auch durch das lange Dienstalter vieler unserer Arbeiter und Beamten bewiesen wird, namentlich auch solcher, welche auf jenen Betriebsstätten selbst wohnen. Auch sind die technischen Einrichtungen aller neueren Anstalten gerade nach der Richtung sehr vervollkommnet worden, dass mechanische Einrichtungen in weitestgehendem Maasse eingeführt sind, namentlich auch in dem körperlich schwierigsten Dienste des Ofenbetriebes, sei es durch Lade- und Ziehvorrichtungen, schräg liegende Retorten oder im Wassergasbetrieb mit verticalen Schächten. Dagegen scheint nach meiner Umfrage ein nothwendiges Bedürfniss der Arbeiter in hygienischer Beziehung: nämlich in Badeeinrichtungen und vom Betriebe getrennten Arbeiterstuben, noch lange nicht allgemein genug anerkannt zu werden. Und die Befriedigung dieses Bedürfnisses sollte für jeden Betrieb ohne Ausnahme als eine unabweisbare Pflicht angesehen werden. Natürlich kann nicht jede Anstalt ein luxuriöses Bade- und Speisehaus etc. errichten; dazu sind in vielen Fällen die Betriebe nicht gross genug — da ja bei uns, im Vergleich zu den grossen Anlage- und Betriebskapitalien überhaupt, verhältnissmässig nur wenige Arbeiter beschäftigt werden —; allein bei gutem Willen wird sich fast überall ein Baderaum und Arbeiterzimmer abtrennen oder anbauen lassen. Eine ganze Reihe solcher Beispiele für mittlere und kleine Betriebe

1*

sind in unserer kleinen Ausstellung hier zur Darstellung gebracht. Die Gasanstalt Zürich, deren Arbeiterfürsorge auch nach dieser Richtung in Zeichnungen dargestellt ist, hebt mit Recht durch ihren Director, Herrn Weiss, hervor: »Das für diese Anlagen verwendete Kapital wird nicht bloss den Gasarbeitern und der Gasfabrik im Allgemeinen, sondern auch den Familienangehörigen zu Gute kommen, da sich ein günstiger Einfluss des Reinlichkeitszwanges in der Fabrik zweifellos auch in die Familie fortpflanzen muss. ... Auch werden Kranken- und Hilfskassen entsprechend weniger in Anspruch genommen.«

Für grössere Betriebe dürften auch besondere Arbeiter-Speiseräume kaum entbehrlich sein, und bietet in unserer kleinen Ausstellung die neue Gasanstalt Charlottenburg ein schönes Beispiel einer solchen Neuanlage. Diejenigen Herren, welche mit den englischen Fachgenossen im vorigen Herbst darin die Gastfreundschaft der Stadt Charlottenburg annahmen, werden sich dieser musterhaften bautechnischen Einrichtuug mit besonderem Vergnügen erinnern.

Unter den neuen Anregungen, welche unsere Umfrage ergab, erscheint auch für grössere Betriebe die Einrichtung von Trockenzimmern und Trockenschränken mit Durchlüftung für die nassen Kleider der in den Dienst kommenden Arbeiter, wie sie u. a. Strassburg, Winterthur und Kopenhagen eingeführt haben, erwähnens- und nachahmenswerth.

Arbeiter-Wohnhäuser haben sich, wie es scheint, nur für wenige Betriebe als nothwendig erwiesen, wahrscheinlich auch desshalb, weil, wie schon erwähnt, unsere Arbeiterzahlen verhältnissmässig geringe sind und ihr Wohnungsbedürfniss meistens leicht befriedigt werden kann. Grössere Anlagen von Arbeiterwohnhäusern sind indess z. B. für die städtische Gasanstalt Köln von Herrn Director Joly in Aussicht genommen.

Arbeiter-Vertretungen in stehender Organisation scheinen nur sehr wenige vorhanden zu sein. Ueber den Werth und die Zweckmässigkeit ihrer Einführung sind bekanntlich die Meinungen in der Industrie sehr getheilt, und wird es gerade hier sehr wesentlich auf den Charakter der Arbeiterbevölkerung an dem betreffenden Orte ankommen. Bei gegenwärtiger Umfrage sind nur 26 Arbeiter-Vertretungen zu Tage getreten. Charakteristisch ist jedoch, dass alle Betriebe, welche diese sociale Einrichtung nach sorgfältiger Prüfung der Verhältnisse eingeführt haben, sich lobend darüber aussprechen, u. a. auch Herr Joly-Köln. Ebenso kann ich dies von den seit 12 Jahren bestehenden »Aeltesten-Collegien« meiner Gesellschaft bestätigen. Wenn auch in kritischen Zeiten neben den Aeltesten-Collegien andere Wortführer noch auftauchen, so glauben wir doch manche Krisis dadurch vermieden zu haben, dass wir bei den ersten Anzeichen von Unzufriedenheit wussten, mit wem wir zu verhandeln hatten, und beim Vorbringen von Forderungen in der Lage waren, mit einer von Arbeitern selbst und zwar in ruhigen Zeiten gewählten Vertretung verhandeln zu können, während natürlich extremere Elemente in den Vordergrund treten, wenn erst in aufgeregten Zeiten Wahlen ad hoc stattfinden. In unserer Ausstellung sind einige Statuten solcher Arbeitervertretungen ausgelegt.

Was die Erzielung eines tüchtigen treuen Stammes von Arbeitern anbetrifft, so sind in den einzelnen Betrieben verschiedene Mittel angewendet, die sich ausser sonstigen Wohlfahrtseinrichtungen natürlich namentlich auch auf die Lohnverhältnisse beziehen. Abgesehen von den wohl an den meisten Orten stetig gestiegenen Löhnen werden namentlich Gratificationen als wirksam empfohlen, die sich nach der Dienstzeit abstufen.

Ferner befreien einzelne Betriebe ihre Arbeiter ganz von den Beiträgen zur Krankenkasse und Invalidenversicherung, was ich persönlich indess für eine fragwürdigere Einrichtung halte, da es meines Wissens in der Absicht aller gesetzgebenden Factoren lag und auch von den meisten Socialpolitikern empfohlen wird, den Arbeitern keine Almosen zu geben, sondern sie selbst zu ihren Versicherungen etc. beitragen zu lassen.

Sehr zu empfehlen ist, und hoffentlich auch in den meisten unserer Betriebe durchführbar, dass Arbeiter und Beamte während militärischer Uebungen ihre vollen Bezüge behalten.

Ferner bricht sich in mehreren Betrieben — auch in meiner Gesellschaft — der Wunsch Bahn, gerade um einen Stamm guter Arbeiter zu erhalten, ihnen einen kleinen Sommerurlaub zu gewähren, und zwar je nach dem Dienstalter, z. B.:

nach 1 Jahr 2 Tage Urlaub in jedem Sommer,
» 5 Jahren 3 » » » » »
» 10 » 4 » » » » »

Natürlich muss auch während dieser Zeit der volle Lohn weitergezahlt werden.

Von hoher Bedeutung für die Beamten der Gas- und Wasserwerke sind die Pensionskassen, und hier befinden sich die städtischen Verwaltungen gegenüber den Privatbesitzern in einem grossen Vortheil, da sie in Folge ihrer unbegrenzten Betriebsdauer in der Lage sind, diesen Beamten dieselben oder ähnliche Pensionen wie den in anderen städtischen Diensten stehenden Beamten zu gewähren. Für Privatgesellschaften, deren Dauer oft sehr unbestimmt ist, erfordert eine solche Pensionskasse zur Sicherstellung ihrer Verbindlichkeiten ausserordentlich hohe Kapitalien, deren Beschaffung insbesondere dadurch erschwert wird, dass man bei ihrer Einführung nur in seltenen Fällen die bereits vorhandenen älteren Beamten zur Nachzahlung der Beiträge für die bereits absolvirten Dienstjahre heranziehen kann; sonst aber sind von vornherein die Deckungskapitalien für diese in voller Höhe Seitens der Anstalt zu leisten. Die Deutsche Continental-Gas-Gesellschaft hat desshalb durch wiederholte jährliche Zuwendungen aus besonders guten Jahresgewinnen diesen Mangel zu ersetzen gesucht. Hierbei empfiehlt sich namentlich für private Pensionskassen, ihre Leistungsfähigkeit durch Versicherungstechniker von Fach periodisch controliren zu lassen. Auch von solchen Pensionskassen finden Sie Statuten hier in unserer kleinen Wohlfahrtsausstellung ausgelegt.

Die Wittwen-Versorgung ist in den meisten Statuten einbegriffen.

Die Mehrzahl der Pensionskassen ist nur in der Lage, die Beamten zu berücksichtigen, während einige für Beamte und Arbeiter und nur in zwei Fällen Pensionskassen lediglich für Arbeiter errichtet sind. Wie sehr aber die Sicherstellung der Beamten und mancher Arbeiterkategorien als ein Bedürfniss gefühlt wird, ergibt sich daraus, dass auf vielen Fragebogen bei der Frage, ob Pensionskassen vorhanden sind, lakonisch geantwortet wird: »Leider nein.«

Für alle diejenigen Privatanstalten indess, welche nicht in der Lage sind, Pensionskassen einzurichten — von städtischen Anstalten sollte man es wohl geradezu verlangen können —, dürfte sich der Einkauf der Beamten in eine Lebensversicherung empfehlen, soweit die Gesundheits- und Altersverhältnisse der Betreffenden eine solche Versicherungsnahme überhaupt zulassen. Dies hat u. a. die Firma Julius Pintsch - Berlin eingeführt; ebenso gewähren Gebrüder Körting - Hannover nach 4 jähriger Dienstzeit eine Lebensversicherungspolice. Auch kann bekanntlich in einer solchen Police die Auszahlung einer bestimmten Summe im 60. oder einem späteren Lebensjahre vereinbart werden.

Hilfs- und Unterstützungskassen, welche in den Fällen mit ihren Leistungen bei den Arbeitern einsetzen, wo die staatliche Kranken-, Unfall- und Invaliditätsversicherung nicht zureicht, sind sehr zu empfehlen, und können dieselben entweder von den Krankenkassen-Vorständen — falls solche selbständig für einzelne Betriebe bestehen — oder von den Aeltesten-Collegien mit verwaltet werden, wodurch sich auch der Einfluss der Arbeitervertretungen den Arbeitern gegenüber noch hebt.

Endlich aber dürfen wir die leider noch zu wenig bei unseren Betrieben beachteten

Sparkassen hier nicht übergehen, und zwar sowohl für die Beamten als für die Arbeiter. Nur 19 Betriebe mit solchen sind mir bei dieser Umfrage bekannt geworden. Zwei von diesen Betrieben verzinsen die Einlagen für Beamte und Arbeiter mit 5%, andere lassen die Alterszulagen, meist mit 5 jähriger Dienstzeit beginnend, ganz oder zur Hälfte auf Sparkassenbücher eintragen. Das in der Deutschen Continental-Gas-Gesellschaft eingeführte System für Beamte und Arbeiter, dessen Satzungen Sie ebenfalls in unserer Ausstellung finden, scheint sich sehr gut zu bewähren; es besteht jetzt seit vier Jahren, und können die Spareinlagen in beliebigen öffentlichen Sparkassen gemacht werden. Die Gesellschaft gewährt alsdann zu der Verzinsung jener fremden Kassen einen Zuschuss, dessen Bemessung sie sich für jedes Jahr vorbehält. Dieser Zuschuss wurde in Folge der günstigen wirthschaftlichen Lage der letzten Jahre von 5 auf 7% erhöht, so dass die Sparer z. Z. in Summa ca. 10% Zinsen erhalten. Um Missbrauch zu verhüten, ist der höchste Sparbetrag auf 10% des Jahresverdienstes des sparenden Beamten oder Arbeiters festgelegt, und zwar kommt ein Jahresverdienst überhaupt nur bis zu 4500 M. in Anrechnung. Die Sparguthaben sind von ca. 19000 M. im ersten Jahre auf ca. 98000 M. im vierten Jahre gestiegen. Das mit diesem Zinszuschuss verbundene Opfer dürfte meines Erachtens von der Mehrzahl aller unserer Betriebe leicht getragen werden können, wie eine überschlägige Berechnung ergeben wird.

Unter sonstigen verschiedenartigen Einrichtungen zur Wohlfahrt der Arbeiter und Beamten sei noch die Auslage belehrender und unterhaltender, namentlich auch illustrirter Blätter in den Arbeiterstuben sehr empfohlen, ebenso wie in manchen Fällen Beamtencasinos und beispielsweise auch Kegelbahnen, an denen Beamte, Meister und Vorarbeiter theilnehmen, dazu beitragen, das Verhältniss der Beamten und Arbeiter zu ihren Vorgesetzten zu einem angenehm persönlichen zu gestalten. Auch gemeinsame Familienabende für Beamte und Arbeiter sind z. B. in St. Gallen mit bestem Erfolg eingeführt.

Kurz, m. H., schon diese flüchtige Uebersicht, bei der ich u. a. die Ausbildung tüchtiger Arbeiter in Gasmeister- und Installationsmeisterschulen noch ausser Betracht liess, gewährt ein mannigfaltiges Bild socialer Bestrebungen, die zwar — wie wir wiederholen — nirgends in ihrer Gesammtheit eingeführt werden können, die uns aber anregen sollten: so viel davon als irgend möglich in unserer Berufssphäre in die Praxis zu übertragen, ganz nach der individuellen Art der Betriebe und ihrer Leiter. Jedenfalls darf aber der kaiserliche Appell: »Sie haben grosse Aufgaben zu lösen, nicht bloss technische, sondern auch grosse sociale« in unseren Berufsfächern um so weniger wirkungslos verhallen, als die Mehrzahl unserer Betriebe sich in städtischer Verwaltung befindet, wo alle Wohlfahrtseinrichtungen sich ungleich leichter und wirkungsvoller als in kleineren Privatbetrieben einführen lassen, da sie nicht nur von unbegrenzter Dauer sind, sondern sich an andere bereits bewährte städtische Wohlfahrtseinrichtungen leicht anlehnen lassen.

Anschliessend an jene schon citirten Worte sagte unser Kaiser weiter: »Unsere technische Bildung hat schon grosse Erfolge errungen. Wir brauchen sehr viele technische Intelligenz im ganzen Lande.«

Ja, das ist in der That gerade unserm deutschen Volke sehr und mehr von Nöthen, als Viele glauben. Denn die Erfolge der deutschen Technik in den letzten drei Decennien haben gleichwohl die technische Intelligenz im ganzen Lande nur wenig oder wenigstens nicht annähernd in dem für die Weiterentwickelung unseres Staates nothwendigen Maasse berührt und erhöht. Denn wenn wir auch in Deutschland, wie wir hoffen, zur Zeit einen Vorsprung in der wissenschaftlichen Ausbildung unserer Ingenieure besitzen, so fällt andererseits ein Vergleich der technischen Durchschnitts-Intelligenz im ganzen Lande mit derjenigen bei anderen Kulturnationen sicherlich nicht zu Gunsten Deutschlands aus. Die technische Durchschnitts-Intelligenz unter den Gebildeten im Allgemeinen — also von den eigentlichen Fachleuten abgesehen — ist bei uns, und das kann man bei jeder Reise ins Ausland beobachten, sie ist bei uns jedenfalls geringer als z. B. in England und Amerika. Der Gebildete, insbesondere der humanistisch Gebildete, hat bei uns unglaublich wenig von den grossartigen Errungenschaften der praktischen, geschweige denn der wissenschaftlichen Technik in sich aufgenommen, obwohl er sie täglich vor Augen hat und benutzt. Lediglich die Elektrotechnik mit ihren staunenswerthen Erfolgen hat, namentlich in Folge der vom Staat und den elektrotechnischen Interessenten mit Hochdruck betriebenen Popularisirung derselben, wenigstens einiges Interesse und Verständniss zu erwecken vermocht.

Wer jemals Gelegenheit gehabt hat, z. B. Sitzungen der verschiedenen Commissionen des englischen Parlamentes beizuwohnen, die sich bekanntermaassen u. a. auch mit Vergebung gewerblicher Monopole in unseren Fächern sowie mit dem Strassenbahnwesen etc. zu befassen haben, oder in englischen Gerichtssälen Patentprocesse mit anhörte, der wird, glaube ich, geradezu erstaunt gewesen sein über das Maass technischer Durchschnittbildung und Intelligenz, das sich aus den gestellten Fragen der Parlamentsmitglieder und Richter und schliesslich aus den Resultaten dieser Verhandlungen und den richterlichen Urtheilen zur Evidenz ergab. Und wie technisch gebildet und praktisch erfahren Engländer und Amerikaner auch auf so vielen Gebieten des politisch-wirthschaftlichen Lebens sind in der Vertretung durch ihre Commissare, Consulats- und Colonialbeamten, das hat unser deutsches Volk bis vor nicht langer Zeit bei gar vielen Gelegenheiten zur Genüge erfahren. Und wenn auch vereinzelte Beispiele für Den nicht viel beweisen, der nicht aus vielfacher persönlicher Erfahrung jenen Eindruck im Auslande selbst gewonnen hat, so möge doch für solche, die mir in dieser Erfahrung beipflichten, hier ein kleines Erlebniss eingeschaltet sein, das Manchen vielleicht an andere, eigne Erfahrungen erinnern wird. Als ich zur Zeit der Chicagoer Ausstellung von den Fällen des Niagara nach den Stromschnellen unterhalb des Flusses am Ufer entlang fuhr, da unterhielt ich mich mit meinem Kutscher über den Orkan, der in der letzten Nacht getobt hatte, und er

bestätigte mir die Gewalt desselben mit der Bemerkung, die er offenbar der Morgen-
zeitung entnommen hatte: dass der Wind sogar so und so viel Fuss Geschwindigkeit
gehabt hätte. Und dieser Kutscher war nicht etwa irgend ein verkrachter, gebildeter
Europäer, sondern ein einfacher Kutscher des Landes, der auf meine weitere Frage,
wieviel Fuss Geschwindigkeit denn sonst ein starker Wind hier zu Lande hätte,
ganz verständig antwortete. Auch bei Störungen der verschiedenen Strassenbahn-
systeme in Amerika hörte ich statt der bei uns sonst gewöhnlich nur sehr energisch
auftretenden sittlichen Entrüstung des Publikums sehr vernünftige Erörterungen über
die wahrscheinliche Ursache jener Störungen und ein solches eingehendes Interesse
daran, wie die Störungen vor unseren Augen zu beseitigen gesucht wurden, dass
ich sicherlich nicht der einzige europäische Ingenieur gewesen bin, der sich über
diese hohe technische Durchschnitts-Intelligenz von Amerikanern ebenso wie Eng-
ländern wundern und erfreuen musste. Dagegen erinnere ich mich — als ein Beispiel
von vielen —, vor nicht langer Zeit von einem unzweifelhaft gebildeten deutschen
Herrn bei einem Diner über den Tisch herüber die Bemerkung gehört zu haben,
als vom Gasglühlicht, das in vielen Exemplaren allein im Zimmer brannte, die
Rede war: »So! Ich dachte, das Gasglühlicht würde durch Elektricität betrieben!«
Dieser gebildete Landsmann und jener amerikanische Droschkenkutscher sind mir oft
als typische Erscheinungen in vergleichende Erinnerung gekommen! Ja, geradezu
erstaunlich müssen in dieser Beziehung oft behördliche Verfügungen noch in neuester
Zeit berühren, die eine solche Unkenntniss in technischer Beobachtung der
Gegenwart verrathen, dass auch unsere Industrie fast jedes Jahr sich solcher Miss-
griffe zu erwehren hat. Ich übergehe absichtlich hier den neuesten Fall dieser Art
in seinen Einzelheiten, da unser Verein sich als solcher auf dem officiellen Beschwerde-
wege befindet, und erwähne davon nur, dass, nachdem gerade in den letzten Jahren
sich die Brände bei elektrischen Anlagen, auch solchen von ersten elektrotechnischen Firmen, in solchem Maasse vermehrt haben und in so prägnanten Beispielen
hervorgetreten sind, wie z. B. in elektrischen Centralen, bei Ausstellungen, Theatern,
Krupp's Germaniawerft, der Comédie Française, und gerade in jüngster Zeit bei
mindestens acht grossen Waarenhäusern[1]) (unter denen die Brände in München,
Frankfurt a/M., Braunschweig und Rixdorf ganz besonderes Aufsehen erregten) —
so dass man selbst von Damen, die jene Waarenhäuser ja hauptsächlich besuchen,
gefragt wurde, was denn eigentlich dieser gefürchtete »Kurzschluss« sei —, dass
da jüngst die Verfügung eines deutschen Polizeipräsidiums erschien, welche in
Waarenhäusern lediglich die Elektricität zulässt und das Gas vollständig
ausschliesst. Man könnte auch in diesem Falle an den technischen Rath jener
Behörde wohl die Frage richten, die bei Richard Wagner der Landgraf an Tannhäuser
richtet, als dieser aus bekannten Gründen längere Zeit abwesend gewesen: »Sag' an,
wo weiltest du so lang?«

Nach Beweisen für die Nothwendigkeit des kaiserlichen Wortes: »Wir
brauchen sehr viele technische Intelligenz im ganzen Lande« brauchen wir also kaum
in den unteren und oberen Schichten unseres Volkes zu suchen. Wie aber wird
eine solche bessere technische Intelligenz zu schaffen sein? Die technischen Hochschulen können, auch wenn sie ganz nach ihren eigenen Wünschen weiter aus-
gestaltet und unterstützt werden, hier nur einen Factor bilden. Die Grundlage

---

[1]) Nachdem Obiges niedergeschrieben, sind (am 1. und 6. Juni c.) zwei weitere grosse
Waarenhäuser in Solingen und Brandenburg a/H. niedergebrannt, und geben die
Zeitungen übereinstimmend »Kurzschluss« als Ursache an.

für eine Erweiterung der technischen Intelligenz muss vielmehr durch eine Reform der höheren Schulen und des Berechtigungswesens geschaffen werden, welche, dank dem frischen und zeitgemässen Impuls unseres Kaisers, jetzt von Neuem auf der Tagesordnung steht und sicherlich so bald nicht davon verschwinden wird, mögen auch die sehr grossen Widerstände, die nach des Kaisers eigenen Worten bezüglich des Promotionsrechtes für ihn selbst zu überwinden waren, sich auch bei dieser Frage von Neuem entgegenstellen und mit verdoppelter Kraft zu bethätigen suchen.

Es ist ein besonderes Verdienst des Vereins deutscher Ingenieure, auch in dieser Frage eine Aussprache und Kundgebung der betheiligten wissenschaftlichen Ingenieurkreise kürzlich herbeigeführt zu haben. Wir wollen auf die in jener Versammlung am 5. Mai in Berlin gehaltenen werthvollen Reden heute nur hinweisen — sie liegen in Sonderabdrücken hier im Saale aus —, ohne die dort und sonst so vielfach erörterten Ansichten über die humanistische und realwissenschaftliche Bildung hier zu wiederholen. Allein auch die Pflicht unseres, so wichtige öffentliche Interessen umfassenden Vereins dürfte es sein, wenigstens in einigen Hauptpunkten Stellung zu dieser Frage zu nehmen und auch unsererseits gegen einige der hauptsächlichsten Vorurtheile aufzutreten, mit der die Frage immer wieder verknüpft wird.

Nicht genug können wir Ingenieure wiederholen, welch' tiefe Hochachtung und welch' aufrichtiges Dankesgefühl wir den Leistungen der humanistischen Gymnasien und der Universitäten in Vergangenheit und Gegenwart zollen, und wie auch wir von der Ueberzeugung durchdrungen sind, dass die Gymnasien ihre Eigenart auch für die Zukunft zu bewahren und nach wie vor grosse Culturaufgaben zu lösen haben. Nicht genug können wir betonen, wie weit wir davon entfernt sind, den humanistischen Studien etwa eine untergeordnete Rolle anweisen zu wollen. Allein wenn für die Vergangenheit die humanistische Vorbildung als alleinige höhere Bildung für alle höheren Berufszweige genügte — ebenso wie in noch früherer Zeit auch einmal die Klosterbildung für jedes höhere Studium, nicht etwa bloss das geistliche, ausreichte —, so erfordert die moderne Zeit mit ihren unendlich vielseitigeren Culturaufgaben unzweifelhaft auch eine weitergehende Theilung der Arbeit in Vorbildung unseres wissenschaftlichen Nachwuchses, und zwar wegen des täglich wachsenden Bildungsstoffes und der doch nun einmal nicht noch weiter zu erhöhenden Schulzeit. Wenn früher der Lehrplan der technischen Hochschulen so eingerichtet war, dass er die bei den Gymnasialabiturienten bestehenden grossen Lücken mathematischer und naturwissenschaftlicher Vorbildung in den ersten beiden Semestern auszufüllen vermochte, wenn früher, als unser internationaler Verkehr noch in den Windeln lag, die Kenntniss der modernen Sprachen nebensächlich war oder von Fall zu Fall bei Gelegenheit erworben werden konnte, — so gebietet heute die internationale Concurrenz eine viel intensivere Ausnutzung der Zeit für die jetzt so vielfach vermehrten wissenschaftlich-technischen Wissensgebiete und deshalb eine intensivere, wenn auch keineswegs einseitige mathematisch-naturwissenschaftliche und neusprachliche Vorbildung auf Realgymnasien und Oberrealschulen.

Es kann aber, wie schon erwähnt, nicht meine Aufgabe sein, das reiche Discussionsmaterial, welches die sog. Berechtigungsfrage bereits im öffentlichen Leben zu Tage gefördert hat, hier auch nur skizzenhaft anzudeuten, und verweise ich in dieser Beziehung namentlich auch auf das interessante Material, welches unsere beiden verdienstvollen Vorkämpfer auf diesem Gebiete, Geheimrath Riedler in seinen Reden und Schriften und Geheimrath Slaby in der von ihm im Herrenhause im

März ds. Js. angeregten interessanten Debatte über diesen Gegenstand, beigebracht haben. Allein ich möchte einen Punkt besonders hervorheben, der in jenen wissenschaftlichen Debatten und auch in den Discussionen unserer Ingenieurkreise gewöhnlich nur ganz flüchtig gestreift wird, gleichwohl aber nach meiner Beobachtung der verschiedensten Gesellschaftskreise mit von ausschlaggebender Bedeutung für die Beurtheilung dieser ganzen Frage sein sollte. Und gerade diesen wichtigen Punkt betont unser Kaiser, im Anschluss an jene schon citirte Stelle, folgendermaassen:

>Das Ansehen der deutschen Technik ist jetzt schon ein sehr grosses. Die besten Familien, die sich anscheinend sonst ferngehalten, wenden ihre Söhne der Technik zu, und ich hoffe, dass das zunehmen wird.«

Hier legt also der Kaiser ein besonderes Gewicht darauf, dass die besten Familien des Landes ihre Söhne der Technik zuführen möchten! Wie sehr wird aber gerade die Erfüllung dieses Wunsches unseres Kaisers — und hoffentlich von uns allen — direct unmöglich gemacht durch das gegenwärtige Berechtigungswesen, insbesondere also durch die allein privilegirte Stellung der Gymnasialabiturienten! Dadurch werden unserem höheren Ingenieurberuf so viele Elemente aus jenen Gesellschaftskreisen entzogen, die unserem Vaterlande hervorragende Staatsleute, Juristen, Militärs und Verwaltungsbeamten, gegeben haben und die mit der >Kinderstube«, die sie genossen, jenen wichtigen zweiten Factor dem Manne zugesellen, ohne den er trotz aller wissenschaftlichen Ausbildung zu leitenden Stellungen weder in der Technik, geschweige denn im Staate gelangen kann: eine vielseitig gebildete gesellschaftliche Erziehung. Und wenn wir so häufig eine Bevorzugung der Verwaltungsbeamten, insbesondere der Juristen, gegenüber dem wissenschaftlich und in ebenso langem und mühevollem Studium ausgebildeten Bau- oder Maschinentechniker beklagen, so ist der Grad und die Art der Erziehung im elterlichen Hause oft nicht zum mindesten der ganz natürlich mitbestimmende und nur zu deutlich in die Erscheinung tretende Grund. Und wie sehr gewinnt dieser Factor nicht nur im inneren Staatsleben, sondern gerade auch im internationalen Verkehr, in den jetzt so vielfach verschlungenen Beziehungen zum Auslande, für jeden vorurtheilslosen Ingenieur tagtäglich an Bedeutung, und gerade für uns Deutsche, bei denen ohnehin in vielen Kreisen eine gewisse Geringschätzung gesellschaftlich guter Erziehung fast als Kennzeichen von innerer Gediegenheit und Tüchtigkeit gilt!

Aber nicht nur jene vorerwähnten Familienelemente der höheren Gesellschaftskreise, die überdies traditionell den grössten Einfluss in der Regierung und Besetzung aller höheren Stellungen haben, gehen uns in Folge der herrschenden Bevorzugung der Gymnasialabiturienten für die höhere technische Carrière zum grossen Theil verloren, sondern selbst unsere eigene Kaste sieht sich veranlasst, um dem Sohne die Berufswahl für später zu ermöglichen, das Gymnasium zu bevorzugen, so dass dadurch dem Realgymnasium und der Oberrealschule auch das beste Material aus den eigenen Berufskreisen verloren geht und jene Vererbung und Potenzirung der Berufseigenschaften bei uns erschwert wird, die jene Stände auszeichnet. Denn man frage nur einmal gerade bei den tüchtigsten und von Standesbewusstsein noch so erfüllten Ingenieuren an, auf welche Schule sie ihre Söhne schicken; wie oft wird man hören: ich muss sie ja auf das Gymnasium schicken, um ihnen nicht die freie Wahl ihres Berufes zu verkümmern und ihnen nicht die höheren Stellungen im staatlichen und socialen Leben zu verschliessen!

Der bayerische Cultusminister hatte darum ganz Recht, wenn er — obwohl im Uebrigen anderer Meinung — vor einiger Zeit in der bayerischen Kammer betonte, dass das Material, das den Gymnasien, Realgymnasien und Oberrealschulen zuströme, nicht gleichwerthig sei.

Statt der nach Ansicht unseres Kaisers so nothwendigen Förderung der technischen Intelligenz im Lande drückt man aber dauernd und immer wieder von Neuem das Niveau und das Material herab, aus dem sich die Führer der Technik erheben und ergänzen sollten. Und wenn darum manche Universitätslehrer bei den Abiturienten jener realwissenschaftlichen Schulen eine geringere Gesammtbildung beobachtet haben wollen, so mag dies in den meisten Fällen an jenen Eindrücken mit gelegen haben, die nicht auf Conto der Wissenschaft, sondern auf die Imponderabilien der Erziehung und des gesellschaftlichen Taktes zurückzuführen sind, die auf keiner Schule und keiner Hochschule gelehrt werden können, sondern aus der geistigen Atmosphäre des Elternhauses stammen. Und wenn die in dieser Beziehung höher Stehenden und von Geburt Begünstigten, namentlich auch aus unseren eigenen Ingenieurkreisen, vorzugsweise den humanistischen Gymnasien als Bildungsmaterial zugeführt werden, so ist es wahrhaftig kein Wunder, wenn harmonisch gebildete Elemente im Ingenieurstande relativ noch nicht so zahlreich vorhanden sind wie in jenen älteren, sozusagen herrschenden Berufskreisen, und wenn so manche, in ihrem Fach ausgezeichneten höheren technischen Beamten gleichwohl nicht zu den wirklich leitenden und führenden Stellen geeignet erscheinen und gelangen können.

Wenn aber unser Kaiser mit Recht Werth darauf legt, dass in Zukunft »die besten Familien« ihre Söhne immer mehr der Technik zuwenden, so kann dies nicht allein durch das wachsende Ansehen der deutschen Technik, das er betont, sondern zunächst und zuerst nur durch thatsächliche Gleichstellung der höheren wissenschaftlichen Schulen geschehen. Nur dadurch kann sich der Ingenieurstand einerseits die durch Familie und Tradition einflussreichsten Kreise der Gesellschaft ebenfalls zuführen und andererseits die besten Elemente aus sich selbst der wissenschaftlichen Technik erhalten.

Ein Vorurtheil, das namentlich in vielen Regierungskreisen und auch im Parlament wiederholt hervorgetreten ist und das der Einführung jener Gleichberechtigung so oft entgegengehalten wird, ist die Meinung, als würden durch Freigabe aller Studien für alle Abiturienten der höheren Schulen die gelehrten Berufe, und namentlich der juristische und medicinische, eine Ueberfüllung erfahren. Diese Befürchtung dürfte sich in der Praxis bald als irrig erweisen. Denn einmal werden gerade jetzt, in Folge jener Bevorzugung, dem Gymnasium Kräfte zugeführt, die z. B. aus der Industrie und dem Kaufmannsstande stammen und sicherlich zu einem viel grösseren Theil auf realwissenschaftliche Schulen übergehen würden, wenn diesen nicht durch das leidige Berechtigungswesen der Makel der Inferiorität aufgedrückt wäre. Viele von diesen nehmen aber im Gymnasium mit ihren Mitschülern den Geist humanistischer Ueberhebung in sich auf, und statt sich dem Berufe des Vaters und der Verwandten zuzuwenden, folgen sie ihren Mitschülern und wenden sich gerade solchen Studien zu, die ihrem Familienkreise, ihrer Tradition und Vererbung ganz fern liegen und deren Ueberfüllung gerade befürchtet wird. Wenn aber durch Einführung der Gleichberechtigung manche Universitätsstudien neuen Zuwachs durch realwissenschaftliche Abiturienten erhalten würden, so stände dem andererseits auch eine wahrscheinlich noch grössere Entlastung von den Elementen gegenüber, die bisher dem Gymnasium nur durch das Berechtigungswesen aufoctroyirt worden sind, sowie dadurch, dass wahrscheinlich sich dann auch die Zahl der Gymnasien, namentlich in den kleineren Städten, vermindern und damit der Zuzug zu den gelehrten Ständen abermals verringern würde.

Bei freier Bahn für jede streng wissenschaftliche Schulausbildung wird sich der Nachwuchs aller Berufsfächer in derselben einfachen Weise nach Angebot und Nachfrage regeln, wie wir dies ja z. B. in den erheblichen Schwankungen wiederholt erlebt haben, die im Staatsbaufach oder im Maschineningenieurwesen, sowie bei den juristischen Verwaltungsbeamten einzutreten pflegen. Auf eine Periode zeitweiser Ueberfüllung folgt von selbst ein verminderter Andrang und Zuwendung zu anderen Fächern. Und wenn das Ansehen der deutschen wissenschaftlichen Technik einmal in Deutschland selbst, unter allen Gebildeten, ein ebenso grosses wird, wie es im Auslande schon viel länger der Fall ist, dann darf man nach Erfüllung der Gleichberechtigung der höheren Schulen mit viel grösserer Sicherheit umgekehrt annehmen, dass der Strom der Ueberfüllung sich eher den technischen als den gelehrten Berufsarten zuwenden wird. Denn viele höhere Beamten-, Militär- und Gutsbesitzerfamilien würden in heutiger Zeit ihre Söhne den höheren technischen Studien, z. B. der so allgemein beliebten Elektrotechnik, eher wie z. B. der medicinischen oder der Rechtsanwalts-Carrière zuwenden, wenn nicht trotz der kaiserlichen Gleichstellung der Hochschulen das in allen höheren Regierungskreisen unverändert fortbestehende Dogma von der allein seligmachenden humanistischen Bildung auf den Gymnasien die Söhne jener Kreise immer wieder — mit nur seltenen Ausnahmen — in die alten Bildungskanäle und Berufsarten lenkte.

Aber wie viele Vorurtheile sind auch sonst noch zu überwinden! So können wir uns auch nicht genug dagegen verwahren, als könne nur auf humanistischem Wege eine idealen Zielen zugewandte wissenschaftliche Bildung gegeben werden, und als führe die realwissenschaftliche Ausbildung im Grossen und Ganzen doch immer nur zum Cultus des goldenen Kalbes und zu einer materialistischen Lebensrichtung. Wohl kann es so sein! Aber, wo wir heutzutage hinblicken, sehen wir die Männer von Industrie und Handel überall mit an der Spitze, wo es gilt, ideale Aufgaben für unser Volk zu erfüllen, sei es auf socialem Gebiete — und zwar weit hinausgehend über das, was der Staat in dieser Beziehung als Pflicht dem Unternehmer auferlegt —, oder sei es in wissenschaftlichen, gemeinnützigen Vereinen, oder auf ideal-nationalem und künstlerischem Gebiete. Und je höher die Stellung des deutschen Ingenieurs und Industriellen ist, um so mehr pflegt er gewöhnlich mit Ehrenämtern überbürdet zu sein, die weitaus in den meisten Fällen idealen Bestrebungen dienen. Sie stehen darin zum mindesten keinem der aus humanistischen Studien hervorgegangenen Berufsstände nach, sondern sind sogar noch oft durch ihre in der Praxis entwickelte Intelligenz und Umsicht ganz besonders geeignet, solche idealen Aufgaben, z. B. für das Volkswohl, auch in die Praxis zu übersetzen. Ja im Gegentheil, gerade die Beschäftigung mit praktisch-materiellen Zielen im eigentlichen Beruf entwickelt ganz naturgemäss für jeden wissenschaftlich Gebildeten das tief innere Bedürfniss nach einer idealen Ergänzung, und so sind wir unter einander in Fachkreisen oft selbst erstaunt, welche wissenschaftlichen und künstlerischen Allotria — im besten Sinne des Wortes — neben dem eigentlichen Berufe von Vielen unter uns gepflegt werden. Und um nur an einem Beispiel zu illustriren, wie der Ingenieurberuf in keinerlei innerem Gegensatz zu idealer Bethätigung und Auffassung im Leben steht — vom Architekten ganz abgesehen, bei dem die künstlerische Seite ohnehin zu idealer Bethätigung im Berufe führt —, so sei hier an einen unserer bekanntesten und beliebtesten neueren Dichter, Heinrich Seidel, erinnert. Nur Wenige, welche in die, seiner Zeit grösste, Eisenbahnhalle des Continents, die des Anhalter Bahnhofs in Berlin, einfahren, ahnen, dass sie einst von diesem Dichter construirt wurde, der mehr als 7 Jahre ein ausübender, tüchtiger, also nicht ein verkrachter Ingenieur war, der etwa deshalb Dichter geworden. Und wenn er schon während jener technischen Thätigkeit in seinen Mussestunden in einer anderen idealen Welt Ergänzung suchte, so lag diese ideale Beschäftigung seines Geistes und seiner Phantasie keineswegs, wie man gewöhnlich meint, »himmelweit getrennt« von seiner Berufsthätigkeit. Denn, so sagt er in einem seiner letzten Bändchen selbst, „das ist gar nicht der Fall und kann nur von denen angenommen werden, die von der schöpferischen und gestaltenden Thätigkeit des Ingenieurs keine Ahnung haben". Und diesem Gedanken hat Seidel in dem Album der letzten Berliner Gewerbe-Ausstellung folgenden sinnigen Ausdruck gegeben:

> »Construiren ist dichten«, hab' ich gesagt,
> Als ich mich noch für die Werkstatt geplagt.
> Heut' führ' ich die Feder am Schreibtisch spazieren
> Und sage: »Dichten ist Construiren.«

Dass ferner ein verstorbenes Ehrenmitglied unseres Vereins Dramen schrieb und dass ein anderes Ehrenmitglied und ebenfalls Fachgenosse die deutsche Shakespeare-Gesellschaft begründete, können natürlich nur flüchtig herausgegriffene Einzelbeispiele aus unserem Kreise dafür sein, dass, je höher die technische Intelligenz steigt, je natürlicher sie auch zu idealer Bethätigung im Leben führt. Hier wie bei den aus humanistischen Lebenskreisen stammenden Männern spielt nach meiner Ansicht die individuelle Beanlagung und Erziehung eine viel grössere Rolle als der zufällig genommene Bildungsweg. Auch ist auf der anderen Seite oft genug wahrzunehmen, wie unendlich nüchtern die Lebensbethätigung humanistischer Kreise inner- und ausserhalb ihres Berufes sein kann. Denn jeder dieser Berufe bringt, wie sogar der eines Künstlers oder Kunstgelehrten, für Viele so viel Handwerksmässiges mit sich, dass von einer idealen Berufsauffassung oft erstaunlich wenig übrig bleibt. Gerne nehme ich davon unter anderen die Hochschulkreise aus, soweit sie selbständig forschen und nicht etwa bloss handwerksmässig die Gelehrsamkeit in mühseligen Collectaneen zusammentragen. Aber gerade die Befreiung von materiellen Sorgen, die dem gebildeten Ingenieur gewöhnlich früher gelingt als dem Beamten und Gelehrten, kann die Idealität der Lebensauffassung mindestens ebenso oft fördern, wie im Gegentheil das Ausharrenmüssen in beschränkten Lebensverhältnissen den Idealismus leicht herabdrückt. Es kommt deshalb gar nicht selten vor, dass diese auf humanistischer Grundlage stehenden Berufsarten sich namentlich im späteren Leben sehr materielle Ergänzungen und Beschäftigungen suchen, ganz abgesehen davon, dass, wie schon erwähnt, das nüchtern Handwerksmässige in jedem Beamten- und Gelehrtenberufe meist eine viel grössere Rolle spielt, als man gewöhnlich zugesteht, oder dass der Beruf selbst, wie z. B. bei manchen praktischen Medicinern und Juristen, statt einer idealen immer mehr eine kaufmännische Entwickelung erfährt. Welche ideale Wirkung viele der bedeutendsten technischen Errungenschaften im directen Gefolge haben, davon gibt uns ja gerade die gegenwärtige Gutenbergfeier ein leuchtendes Beispiel, und erfreulicher Weise hat gerade einer unserer höchsten Reichsbeamten,

Graf Posadowski, dies bei der Einweihung der Gutenberg-Halle in Leipzig kürzlich so treffend mit den Worten charakterisirt:

»Als vor mehr als vier und einem halben Jahrhundert der grosse Vorfahre des deutschen Buchgewerbes, Johann Gutenberg, seine beweglichen Lettern erfand, ahnte er nicht, welche umgestaltende Kraft seine Erfindung in sich trug. Diese Schriftzeichen stellten ein kleines, aber wichtiges Heer von Kämpfern dar, welches in alle Lande hinausgezogen ist und schliesslich die Welt erobert hat. Der Buchdruck verbreitete die Schöpfungen des menschlichen Geistes, er befreite den Einzelnen aus den Fesseln der geistigen Vereinsamung und brachte ihn in lebendigen Zusammenhang mit der Gedankenwelt und den Fortschritten der übrigen Menschheit. So war die Erfindung Johann Gutenberg's eine wahrhaft geistesbefreiende That. . . . .«

Aber Geheimrath Riedler geht mit Recht noch weiter, wenn er in der Festrede zur jüngsten Geburtstagsfeier Sr. Majestät u. a. sagte: »Die Buchdruckerkunst ist nur eines der technischen Culturmittel. Durch die Buchdruckerpresse, den Telegraphen und die Verkehrsmittel hat die Technik der Verbreitung der Civilisation, der Allgemeinheit den grössten Dienst geleistet. Gerade auf dem Gebiete des Geistesverkehrs ist durch Mitwirkung der Technik in den letzten fünf Jahrzehnten mehr geleistet worden, als vielleicht in der ganzen Zeit von Homer bis zum 19. Jahrhundert.«

Und schliesslich sei mir noch gestattet, aus einem Gespräche Goethe's mit Eckermann, auf das kürzlich die Zeitungen hinwiesen, die Stelle anzuführen, wo er von der Ingenieurkunst sogar einen directen Einfluss auf die Einigung Deutschlands erwartet; er sagte, nachdem vorher von den deutschen Fürsten die Rede gewesen war: »Mir ist nicht bange, dass Deutschland nicht eins werde: unsere guten Chausseen und künftigen Eisenbahnen werden schon das Ihrige thun!« Doch genug der klassischen Eideshelfer aus Vergangenheit und Gegenwart.

Wenn man nun aber mit der Erfüllung jener unabweisbaren und uns namentlich auch durch den internationalen Wettkampf aufgezwungenen Forderung nach Gleichberechtigung der höheren Schulen so lange warten sollte, bis die humanistisch privilegirten Berufsstände sich selbst in ihrer Majorität dafür aussprächen: das würde in der That so viel heissen, als vom Mandarinen verlangen, sich selbst den Zopf abzuschneiden, oder vom Kaufmann, sich für eine neue Concurrenz zu erwärmen. Haben denn in der That Kaiser Wilhelm der Grosse und Bismarck so lange mit der Einführung der socialen Gesetze gewartet, bis sich die Grossindustriellen und Landwirthe in ihrer Majorität dafür erklärt haben? Sind nicht unendlich oft die segensreichsten Gesetze für einen Stand — oder wenigstens für den Staat — gegen dessen ursprünglichen Widerstand eingeführt worden? Gewiss soll man Sachverständige aus allen jenen um Staat und Gesellschaft so hochverdienten Kreisen befragen, namentlich auch, um in der schultechnischen Reform jener höheren Schulen ihren Rath zu berücksichtigen; aber die Regierungen lassen sich doch sonst nicht gern dazu herbei, von Sachverständigen und Majoritäten regiert zu werden, sondern sie haben selbst zu regieren und unter Führung erleuchteter und weitblickender Monarchen der Culturentwickelung die neuen Bahnen rechtzeitig im Voraus zu ebnen und Widerstände von sich aus zu beseitigen, die nie und nimmer mehr von den alten privilegirten Ständen je selbst aus dem Wege geräumt werden. Die heutige Zeit drängt aber mehr denn jede frühere!

Freie Luft und freies Licht für jeden höheren Beruf ist eine Zeitforderung, der sich keine Regierung auf lange Zeit, geschweige denn auf die Dauer, wird widersetzen können, und dies um so weniger, wenn ein Adler mit so schnellem, scharfem und weitem Blick über den theilweise noch dunkeln Klüften schwebt. Darum, meine Herren, müssen wir uns selbst rühren, selbst in unserer Einflusssphäre Stellung zu dieser hochwichtigen Frage nehmen, die nicht nur für unseren Ingenieurberuf, sondern auch für die ganze harmonisch fortschreiten sollende Cultur unserer Nation wie für unsere Weltstellung von ausschlaggebender Bedeutung ist. Aber nicht mit Principien und Theorien allein lassen Sie uns fechten, sondern vor allem auch beweisend mit der That, in pflichttreuer Erfüllung der socialen Aufgaben, die unser Kaiser als gleichwichtig neben unsere Fortschritte in Wissenschaft und Praxis hingestellt hat. In der Mitlösung solcher Aufgaben, in der Beförderung »technischer Intelligenz im ganzen Lande«, in der Schaffung solcher Wohlfahrtseinrichtungen, wie sie unsere Umfrage so vielseitig zu Tage gefördert hat, wie sie aber noch viel mehr und viel energischer unter uns verbreitet werden müssen: darin lassen Sie uns in und neben unserem Lebensberuf unsere Ideale suchen, ohne aber je den Zusammenhang mit den grossen Errungenschaften humanistischer Bildung aus dem Auge zu verlieren! Dann wird unser jetziger Herr Reichskanzler auch bei den deutschen Ingenieuren, ebenso wie bei den zur 200jährigen Jubelfeier der Akademie in Berlin versammelten Herren der Wissenschaft, die tröstende Ueberzeugung gewinnen können, »dass, wie er sagte, noch genügende geistige Kraft und Macht — auch unter uns — vorhanden ist, um die drohende Fluth der materiellen Interessen auf ihr richtiges Maass zurückzudämmen«. Und dazu — dass dies wahr werde und wahr bleibe, dazu kann uns, Arm in Arm mit der Wissenschaft, nichts mehr verhelfen, als die mit Energie befolgte kaiserliche Mahnung:

»Wenden Sie sich mit aller Kraft den grossen wirthschaftlichen und socialen Aufgaben zu!« — —

.